Imen Sellami
Afef Feki
Sofien Baklouti

La gonarthrose

Imen Sellami
Afef Feki
Sofien Baklouti

La gonarthrose

Qualité de vie des patients

Éditions universitaires européennes

Imprint
Any brand names and product names mentioned in this book are subject to trademark, brand or patent protection and are trademarks or registered trademarks of their respective holders. The use of brand names, product names, common names, trade names, product descriptions etc. even without a particular marking in this work is in no way to be construed to mean that such names may be regarded as unrestricted in respect of trademark and brand protection legislation and could thus be used by anyone.

Cover image: www.ingimage.com

Publisher:
Éditions universitaires européennes
is a trademark of
Dodo Books Indian Ocean Ltd. and OmniScriptum S.R.L publishing group

120 High Road, East Finchley, London, N2 9ED, United Kingdom
Str. Armeneasca 28/1, office 1, Chisinau MD-2012, Republic of Moldova, Europe
Printed at: see last page
ISBN: 978-620-6-70227-6

Copyright © Imen Sellami, Afef Feki, Sofien Baklouti
Copyright © 2024 Dodo Books Indian Ocean Ltd. and OmniScriptum S.R.L publishing group

Table des matières

Introduction 6
Méthodes 9
1 Type d'étude 10
2 Population 10
2.1 Critère d'inclusion 10
2.2 Critère d'exclusion 10
3 L'instrument de collecte des données 11
4 Déroulement de l'enquête 13
5 Considérations éthiques 14
6 Analyse des données 14
Résultats 15
1 Les données sociodémographiques : 16
1.1 Le genre : 16
1.2 L'âge : 16
1.3 L'origine géographique : 17
1.4 Le statut marital : 17
1.5 Le niveau d'instruction : 18
1.6 La profession : 19
1.7 Le niveau socio-économique : 19
2 Les données cliniques : 20
2.1 Les habitudes de vie : 20
2.2 Les comorbidités : 20
2.3 La ménopause : 21
2.4 Le statut pondéral : 22
3 Les données relatives à la maladie 22
3.1 Les déformations des genoux : 22
3.2 La localisation de la gonarthrose : 23
3.2.1 Le type de la gonarthrose 24
3.2.2 Le stade radiologique de la gonarthrose 24
3.2.3 La durée d'évolution de la gonarthrose 25
4 Les données thérapeutiques 26

5 Evaluation de la qualité de vie 27
5.1 Dimension n° 1 : Activités physiques 27
5.2 Dimension n° 2 : Santé mentale 27
5.3 Dimension n° 3 : Douleur 28
5.4 Dimension n° 4 : Soutien social 28
5.5 Dimension n° 5 : Activités sociales 29
5.6 Scores normalisés des dimensions de l'AMIQUAL 30
5.6.1 Scores normalisés moyens des items indépendants de l'AMIQUAL 30
Discussion 36
Conclusion 46

Liste des figures

Figure 1: Répartition des patients selon le genre 16
Figure 2: Répartition des patients selon l'âge 17
Figure 3 : Répartition des patients selon l'origine géographique 17
Figure 4: Répartition des patients selon l'état civil 18
Figure 5: Répartition des patients selon le niveau d'instruction 18
Figure 6: Répartition des patients selon la profession 19
Figure 7: Répartition des patients selon le niveau socioéconomique 19
Figure 8: répartition des patients selon leurs habitudes de vie 20
Figure 9: répartition des patients selon leurs comorbidités 21
Figure 10: Répartition des patientes selon la ménopause 21
Figure 11: répartition des patients selon leurs IMC 22
Figure 12: Répartition des patients selon les déformations des genoux . 23
Figure 13: Répartition des patients selon la localisation de gonarthrose 23
Figure 14: Répartition des patients selon le type de gonarthrose 24
Figure 15: Répartition des patients selon le stade de gonarthrose 25
Figure 16: Répartition des patients selon la durée de l'évolution de la maladie 25
Figure 17: Répartition des patients selon le traitement 26
Figure 18: Qualité de vie des patients atteints de gonarthrose selon l'activité physique 27
Figure 19: Qualité de vie des patients atteints de gonarthrose selon la santé mentale 28
Figure 20: Qualité de vie des patients atteints de gonarthrose selon la douleur 28
Figure 21: Qualité de vie des patients atteints de gonarthrose selon le soutien social 29
Figure 22: Qualité de vie des patients atteints de gonarthrose selon les activités sociales 29

Liste des tableaux

Tableau I : Normalisation des scores des dimensions de l'AMIQUAL.. 12
Tableau II: Scores normalisés moyens des dimensions de la qualité de vie selon l'AMIQUAL chez les patients atteints de gonarthrose 30
Tableau III: Scores moyens des items indépendants de l'AMIQUAL des patients souffrant de gonarthrose 30
Tableau 4: Qualité de vie des patients ayant une gonarthrose selon les données sociodémographiques pour la dimension activités physique 31
Tableau 5: Qualité de vie des patients ayant une gonarthrose selon les données sociodémographiques pour la dimension santé mentale. 32
Tableau 6: Qualité de vie des patients atteints de gonarthrose selon les données sociodémographiques pour la dimension douleur 33
Tableau 7 : Qualité de vie des patients ayant une gonarthrose selon les données sociodémographiques pour la dimension soutien social........... 34
Tableau 8: Qualité de vie des patients souffrant de gonarthrose selon les données sociodémographiques pour la dimension activités sociales 35

Liste des abréviations

IMC : indice de masse corporelle
CHU : centre hospitalo universitaire
QDV : qualité de vie
PEC: prise en charge

INTRODUCTION

L'arthrose est la maladie musculo squelettique la plus fréquente (1). Elle se définit comme une affection dégénérative caractérisée par un ensemble de désordres aboutissant à un défaut structural et fonctionnel d'une ou plusieurs articulations (2).

L'arthrose consiste en une cascade d'évènements biochimiques et mécaniques perturbant le processus compensatoire normal de synthèse et de dégradation du cartilage articulaire et de l'os sous-chondral. Ce déséquilibre peut être provoqué par de multiples facteurs : génétiques, congénitaux, métaboliques ou traumatiques.

C'est un phénomène irréversible vu que le cartilage n'est que très peu vascularisé et innervé ce qui limite la possibilité de resynthèse lorsque des lésions y apparaissent. Par conséquent, le processus arthrosique est chronique et il retentit sur tous les tissus de l'articulation atteinte (cartilage, ligaments, muscles, capsule articulaire, os sous-chondral, etc.) (3).

Toutes les articulations peuvent être concernées par l'arthrose, mais le genou est parmi les articulations les plus touchées. C'est la troisième localisation la plus fréquente de l'arthrose après les mains et le rachis. Elle est considérée, avec la coxarthrose, comme la plus invalidante (4).

La gonarthrose constitue une des localisations préférentielles de la maladie dégénérative du cartilage, génératrice d'incapacité voire de handicap chez les personnes dès l'âge de 45 ans (5). Elle correspond à l'usure du cartilage situé à l'extrémité inférieur du fémur, à l'extrémité supérieure du tibia et à la face postérieure de la patella qui ensemble font les mouvements articulaires par le glissement des surfaces cartilagineuses (6) .

L'arthrose du genou constitue, à l'heure actuelle, un véritable problème de santé publique, touchant environ 250 millions de personnes dans le monde (7). En France, la gonarthrose touche 10 millions de personnes. La prévalence de l'arthrose symptomatique du genou est estimée à 4,7 % pour les hommes (de 2,1

% à 40 ans à 10,1 % à 75 ans) et à 6,6 % pour les femmes (de 1,6 % à 40 ans à 14,9 % à 75 ans (8).

En Afrique Sub-saharienne, la gonarthrose représente entre 8 et 16 % des consultations en Rhumatologie (7).

La Tunisie ne fuit pas à ce fléau, la prévalence de la gonarthrose concernant la population de 40 ans et plus a été estimée à 27,3 %. Elle passe à 49,2 % chez les personnes âgées de 60 ans et plus et à 52% après 75 ans (5)

Par l'invalidité qu'elle peut provoquer, la gonarthrose restreint l'espace de vie, amenuise les capacités de travail et de déplacements, perturbe les loisirs, et constitue ainsi un véritable fléau social (9). La littérature récente s'est concentrée sur l'efficacité réduite des programmes de traitement.

En effet, les approches médicamenteuses destinées aux personnes ayant une gonarthrose sont limitées du fait des effets notoires à long terme des AINS et le cout relativement élevé des anti arthrosique symptomatique à action lente (AASAL) et de la visco-supplémenation notamment en Tunisie où ces médicaments ne sont pas remboursés par les caisses de sécurité sociale (10).

De même, les approches chirurgicales, comme les prothèses, ne sont pas sans risque pour la population âgée, et constituent des solutions de dernier ressort, proposées uniquement dans le cas de douleurs très sévères avec une gonarthrose très évoluée (10).

En outre, la gonarthrose est une maladie chronique qui bouleverse voire altère la qualité de vie (QDV) des personnes touchées. Celle-ci se montre comme une entité multidimensionnelle. C'est pour cela que l'identification des facteurs qui influent de manière significative la QDV des patients souffrant de gonarthrose est une condition nécessaire pour une prise en charge efficace de ces patients (11).

Le but de notre travail est de décrire la qualité de vie des patients atteints de gonarthrose suivis à la consultation externe du service de Rhumatologie au CHU Hédi Chaker de Sfax.

MÉTHODES

1 Type d'étude

Cette étude est transversale de type descriptif simple et utilise l'approche quantitative. Elle a pour but de décrire la QDV chez les patients atteints de gonarthrose suivis au service de rhumatologie au Centre Hospitalo Universitaire (CHU) Hédi Chaker de Sfax.

2 Population

L'étude a été menée auprès des patients ayant une gonarthrose et suivis à la consultation externe dans le service de Rhumatologie du CHU Hedi Chaker Sfax durant la période de 15 mars au 10 avril 2022. Nous avons sollicité 82 patients souffrant de gonarthrose pour participer à cette étude de manière non probabilisé accidentelle.

2.1 Critère d'inclusion

Nous avons inclus dans cette étude :

Les patients d'origine tunisienne ayant un diagnostic positif de gonarthrose primitive avec un stade ≥ 2 de la classification de Kellgren-Lawrence (KL) ou répondant aux critères ACR 1986 de la gonarthrose et suivis à la consultation externe du service de Rhumatologie au CHU Hédi Chaker de Sfax.

2.2 Critère d'exclusion

Nous avons exclu de cette étude :

- Les patients ayant une gonarthrose secondaire à un traumatisme, à une fracture articulaire du genou, à un rhumatisme inflammatoire chronique (polyarthrite rhumatoïde, spondyloarthrite, arthrite juvénile idiopathique, une maladie de Still…), à une arthrite septique du genou, à une pathologie métabolique (Maladie osseuse de Paget, maladie de Wilson, hémochromatose, ochronose…), à une pathologie microcristalline ou à une ostéonécrose du genou.

- Les patients ayant une coxarthrose associée.
- Les patients qui n'ont pas achevé la réponse au questionnaire.
- Les patients ayant une altération sévère des fonctions cognitives.
- Les patients non coopérants.
- Les patients ayant des problèmes médicaux ou psychologiques aigues ou chroniques pouvant retentir sur la QDV.
- Les patients qui ont refusé de participer à l'étude.

3 L'instrument de collecte des données

Le recueil des données est fait à l'aide d'une fiche qui comporte les données sociodémographiques des patients (genre, âge, milieu, statut marital, niveau d'étude, emploi, niveau socio-économique, habitudes de vie), les données cliniques (comorbidités, durée d'évolution de la maladie, Indice de masse corporelle (IMC), déformation du genou, localisation de la gonarthrose, type de la gonarthrose, stade de la gonarthrose) et les données thérapeutiques en rapport avec la gonarthrose.

Les données sur la QDV ont été recueillies au moyen du questionnaire « Arthrose des Membres Inférieurs et Qualité de vie » ou AMIQUAL. L'AMIQUAL, développé en France par Anne-Christine Rat et ses collègues en 2005, est un instrument spécifique de mesure de la qualité de vie chez les patients atteints de gonarthrose et/ou de coxarthrose. Sa version 2.3 en langue française comporte 43 items, répartis en cinq dimensions : « activités physiques », « santé mentale »,

« douleur », « soutien social », « activités sociales » et 3 items indépendants (12). Le coefficient de Cronbach de ces dimensions est de 0,72 à 0,96, reflétant ainsi une très bonne cohérence et fiabilité.

Une traduction du questionnaire en arabe tunisien a été faite par un traducteur assermenté. Cette version traduite a montré une cohérence interne acceptable et une fiabilité (alpha de Cronbach : 0,81)

Il existe 11 types de réponses possibles selon l'échelle de Lickert :

- Entre (0) « pas du tout » et (10) « tout à fait »
- Entre (0) « pas du tout » et (10) « énormément »
- Entre (0) « jamais » et (10) « tout le temps »

Les scores des dimensions de l'AMIQUAL (2.3) sont obtenus en calculant la moyenne des items de chacune des dimensions. Lorsque plus de la moitié des items d'une dimension sont manquants le score de cette dimension n'est pas calculé. Si la moitié des items d'une dimension ou moins sont manquants, la valeur manquante est remplacée par la moyenne des valeurs observées de la même dimension pour l'individu.

Tableau I : Normalisation des scores des dimensions de l'AMIQUAL

Dimensions	Etendue score brut	Normalisation
'Activités physiques'	0-10	100-(Score X 10)
'Santé Mentale'	0-10	100-(Score X 10)
'Douleur'	0-10	100-(Score X 10)
'Soutien Social'	0-10	Score X 10
'Activités Sociales'	0-10	Score X 10
Items indépendants	0-10	Score X 10

- La dimension n°1 : Activités Physiques : comporte 16 items : Q1 à Q11, Q13, Q14, Q24, Q25 et Q28.
- La dimension n°2 : Santé Mentale : comporte 12 items : Q15 à Q21, Q29, Q35, Q36, Q37, Q38 et Q41.
- La dimension n°3 : Douleur : comporte 4 items : Q26, Q27, Q33 et Q34.
- La dimension n°4 : Soutien Social : comporte 4 items : Q39, Q40, Q42, et Q43.
- La dimension n°5 : Activité Sociales : comporte 3 items : Q30, Q31 et Q32.

Pour toute dimension, nous avons attribué des notes pour décrire la QDV de nos patients :

- Score normalisé inférieur à 25 : altération très sévère de la QDV de la dimension.
- Score normalisé compris entre 25 et 50 : altération sévère de la QDV de la dimension.
- Score normalisé compris entre 50 et 75 : altération modérée de la QDV de la dimension.
- Score normalisé supérieur à 75 : altération légère de la QDV de la dimension.

Pour les items indépendants, le score varie de 0 à 100, où 0 correspond à une qualité de vie normale et 100 correspond à une altération très sévère de la QDV.

4 Déroulement de l'enquête

Notre enquête était réalisée au cours de la période de 15 mars au 10 avril 2022. Nous avons rempli le questionnaire après avoir lu les questions aux patients suivis pour gonarthrose à la consultation externe de rhumatologie. Nous avons demandé aux patients de donner à chaque question une valeur numérique qui correspond à leur réponse. La durée du questionnaire était de 15 minutes aux moyennes.

5 Considérations éthiques

L'autorisation du chef de service a été accordée, avant la collecte des données. Des mesures ont été prises pour respecter les droits et la liberté des participants. Ces derniers ont été informés du but de l'étude et des modalités de participation à travers un formulaire de consentement. La confidentialité des données obtenues et l'anonymat des participants ont été respectés.

6 Analyse des données

Nos données recueillies ont été analysées sur le logiciel de statistique IBM SPSS Statistics 20 et le Microsoft Excel 2016. L'analyse est descriptive. Elle concerne les données sociodémographiques, données cliniques, données thérapeutiques, et la QDV des patients atteints de gonarthrose. Les résultats sont présentés sous forme de tableaux, graphiques et histogrammes.

RÉSULTATS

Nous avons inclus 82 patients suivis pour gonarthrose traités à la consultation externe du service rhumatologie au CHU Hédi Chaker de Sfax.

1 Les données sociodémographiques :

1.1 Le genre :

Notre population a comporté 15 hommes (18,3%) et 67 femmes (81,7%). Nous avons noté une nette prédominance féminine avec un sexe-ratio de 4,47 (figure 1).

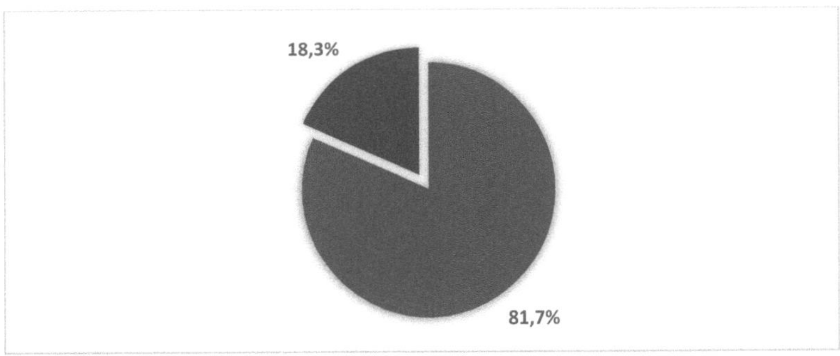

Figure 1: Répartition des patients selon le genre

1.2 L'âge :

L'âge moyen de nos patients était de 60,4 ans avec des extrêmes allant de 34 ans à 89 ans. La répartition des malades par tranche d'âge a montré que la majorité de nos patients avaient un âge variant de 50 à 60 ans (31,7%) et de 60 à 70 ans (32,92%) au moment de l'enquête (Figure 2).

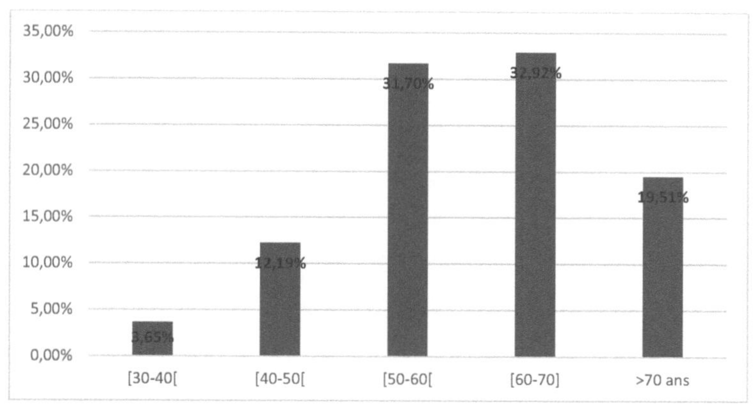

Figure 2: Répartition des patients selon l'âge

1.3 L'origine géographique :

La majorité de nos patients étaient d'origine urbaine (72%) (figure 3).

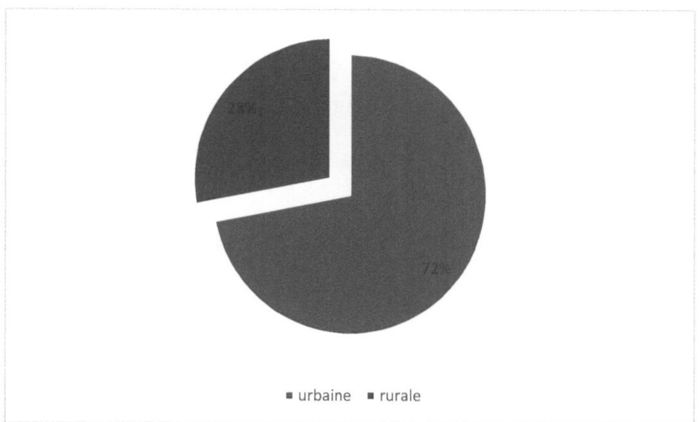

Figure 3 : Répartition des patients selon l'origine géographique

1.4 Le statut marital :

La majorité de nos patients étaient mariés (69,5%). Par contre, 12,2% étaient célibataires, 1,2% étaient divorcés et 17,1% étaient veufs (figure 4).

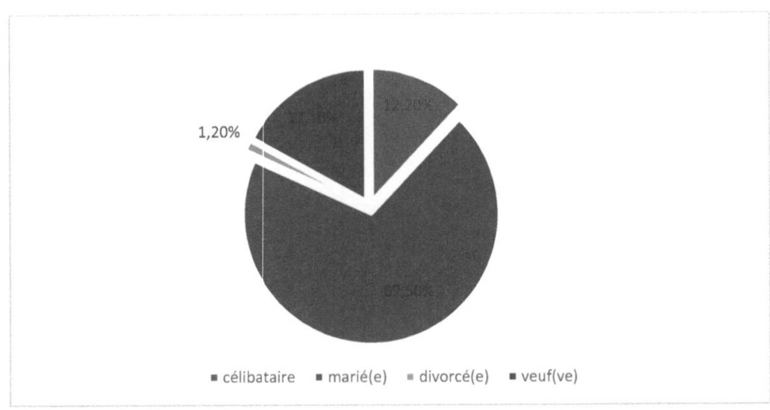

Figure 4: Répartition des patients selon l'état civil

1.5 Le niveau d'instruction :

La majorité de nos patients avaient un bas niveau éducationnel (32,9% analphabètes et 25,6% avec un niveau d'étude primaire). Un niveau universitaire était constaté chez 12,2% des patients (figure 5).

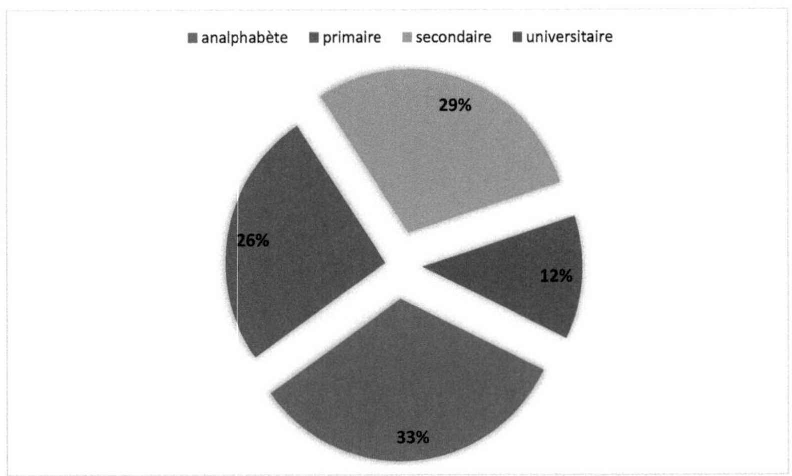

Figure 5: Répartition des patients selon le niveau d'instruction

1.6 La profession :

La répartition des patients selon leurs professions était comme suit : 26,8% actifs, 12,2% retraités et 61% sans profession (figure 6).

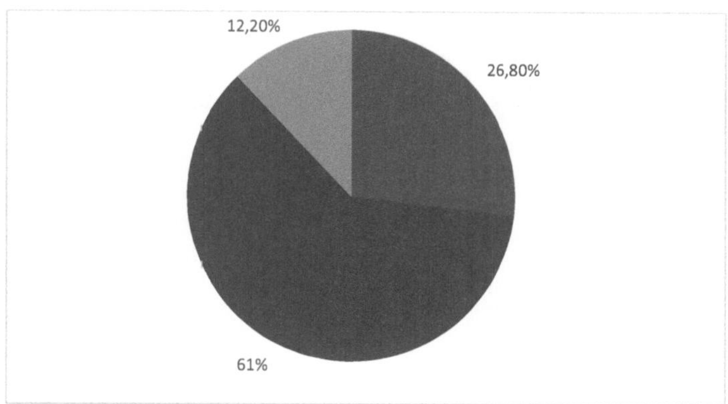

Figure 6: Répartition des patients selon la profession

1.7 Le niveau socio-économique :

La plupart de nos patients (82,9%) avaient un niveau socio-économique moyen. Treize patients (15,9%) avaient un niveau socio-économique faible et un patient (1,2%) avait un niveau socio-économique élevé (figure 7).

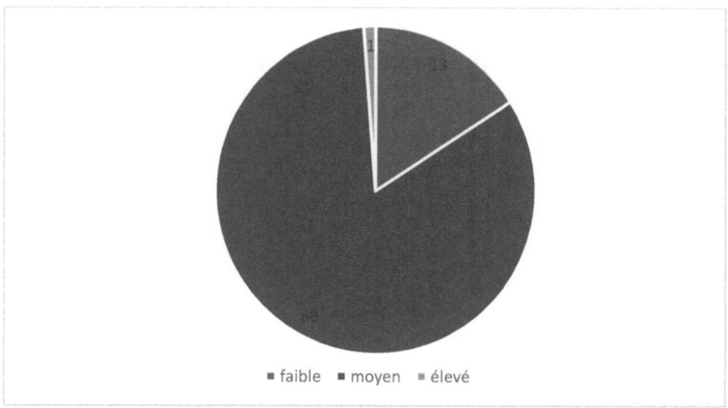

Figure 7: Répartition des patients selon le niveau socioéconomique

2 Les données cliniques :

2.1 Les habitudes de vie :

La majorité de nos patients (84,1%) n'avaient pas des habitudes de vie particulières. Par ailleurs, 13 patients (15,9%) étaient tabagiques actives (figure 8).

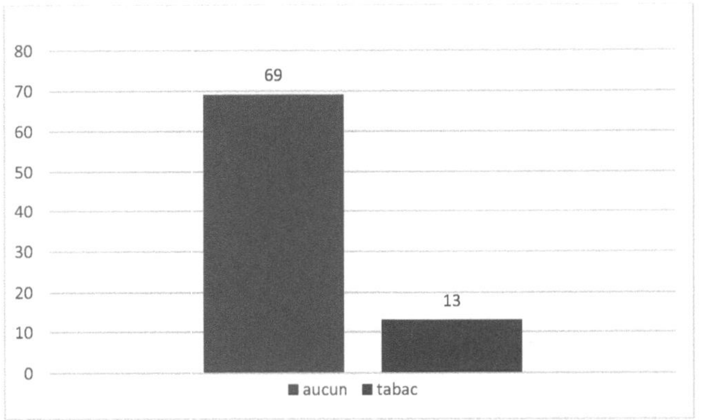

Figure 8: répartition des patients selon leurs habitudes de vie

2.2 Les comorbidités :

Plus que la moitié de nos patients présentait une HTA et/ou un diabète (figure 9).

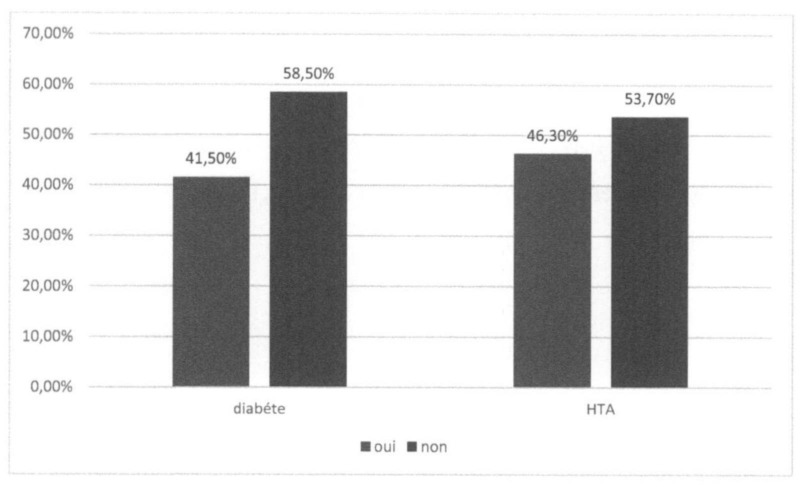

Figure 9: répartition des patients selon leurs comorbidités

2.3 La ménopause :

Dans notre population la majorité des femmes étaient ménopausées (70,7%) (figure10).

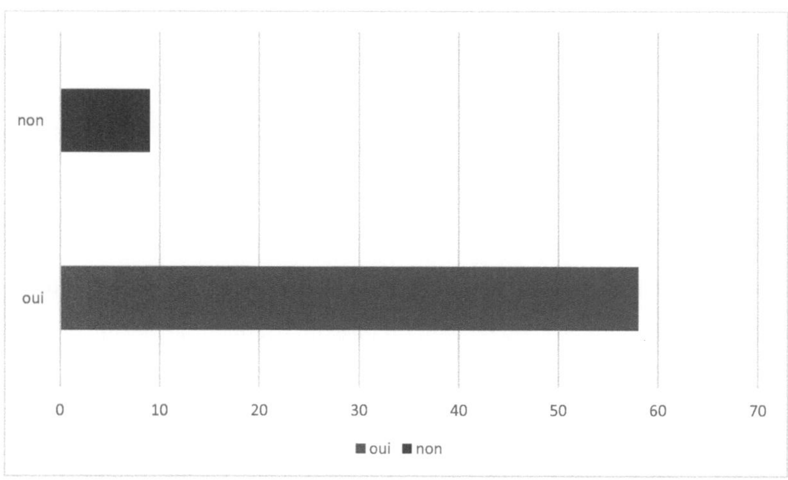

Figure 10: Répartition des patientes selon la ménopause

2.4 Le statut pondéral :

Plus que la moitié de nos patients présentaient un surpoids (58,5%) alors que 7,3% avaient un IMC normal. Nous avons constaté aussi que 28% de nos patients présentaient une obésité modérée et que 6,1% présentaient une obésité sévère (figure 11).

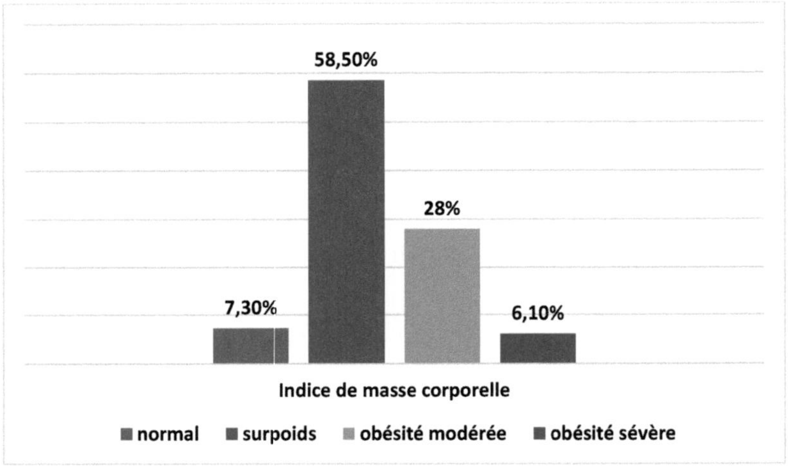

Figure 11: répartition des patients selon leurs IMC

3 Les données relatives à la maladie

3.1 Les déformations des genoux :

Dans notre étude 74,4% des patients présentait une déformation. Ainsi 40,2% des patients avaient un genu-valgum, 29,3% avaient un genu-varum, 3,7% avaient un recurvatum et 1,2% avaient un flessum irréductible des genoux (figure 12).

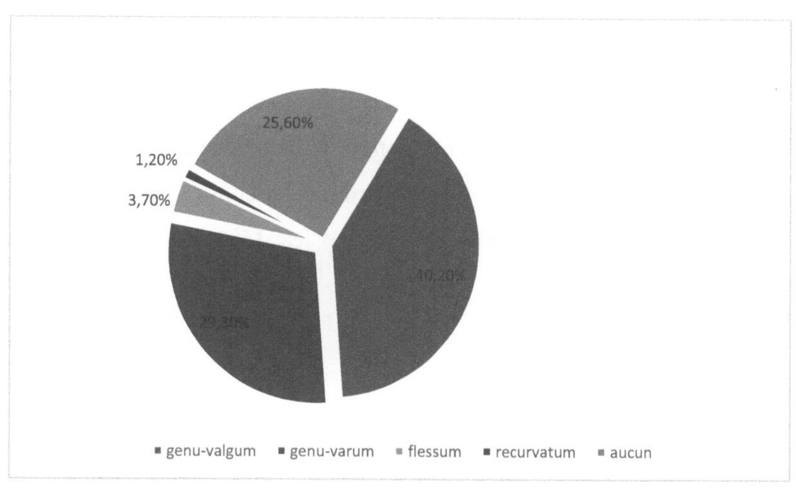

Figure 12: Répartition des patients selon les déformations des genoux

3.2 La localisation de la gonarthrose :

La majorité de nos patients avaient une gonarthrose bilatérale (79%) (figure 13).

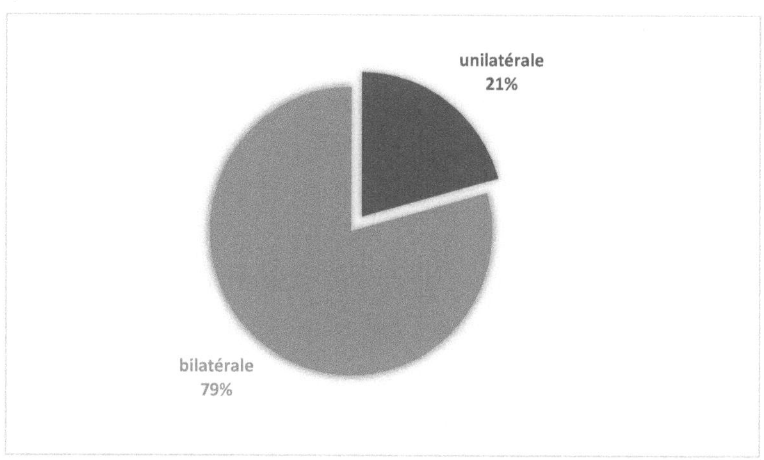

Figure 13: Répartition des patients selon la localisation de gonarthrose

3.2.1 Le type de la gonarthrose

Une gonarthrose bicompartimentale (fémoro-patellaire et fémoro-tibiale ou fémoro-tibiale interne et externe) était constatée chez plus que la moitié de nos patients (57%), contre 28% pour la gonarthrose tricompartimentale (fémoro-patellaire, fémoro-tibiale interne et externe) et 15% pour la gonarthrose unicompartimentale (figure 14).

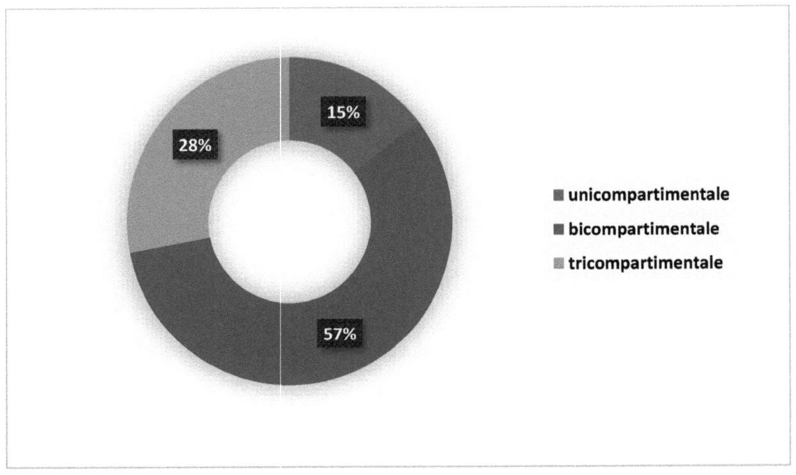

Figure 14: Répartition des patients selon le type de gonarthrose

3.2.2 Le stade radiologique de la gonarthrose

Dans notre population la moitié des patients avaient un stade 3 de KL(arthrose importante), 4 patients (4,9%) avaient un stade 1 (arthrose douteuse), 21 patients (25,6%) avaient un stade 2 (arthrose modérée) et 16 patients (19,5%) avaient un stade 4 (arthrose très évoluée) (figure 15).

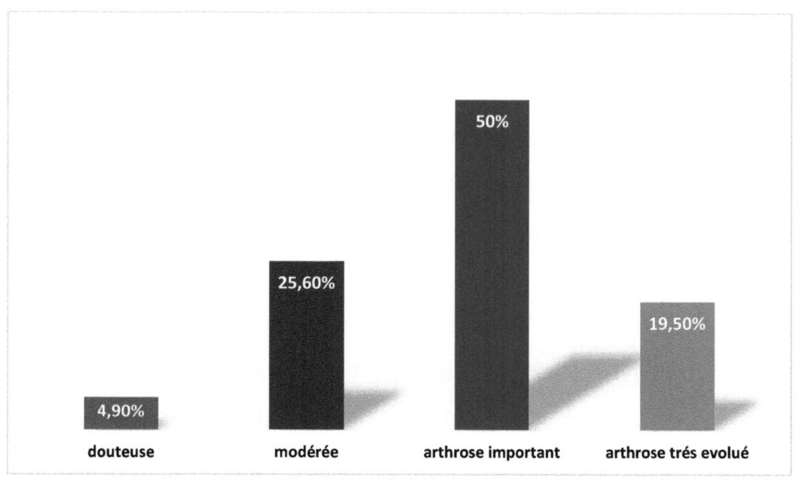

Figure 15: Répartition des patients selon le stade de gonarthrose

3.2.3 La durée d'évolution de la gonarthrose

Dans notre population, cette durée était en moyenne de 10,09 ans avec des extrêmes allant de 2 ans à 40 ans. Cinquante patients (60,9%) avaient une durée d'évolution entre [1-10[ans, 18 patients (21,9%) entre [10-20[ans et 14 patients (17% des patients) avaient une durée de maladie ≥ à 20 ans (figure 16).

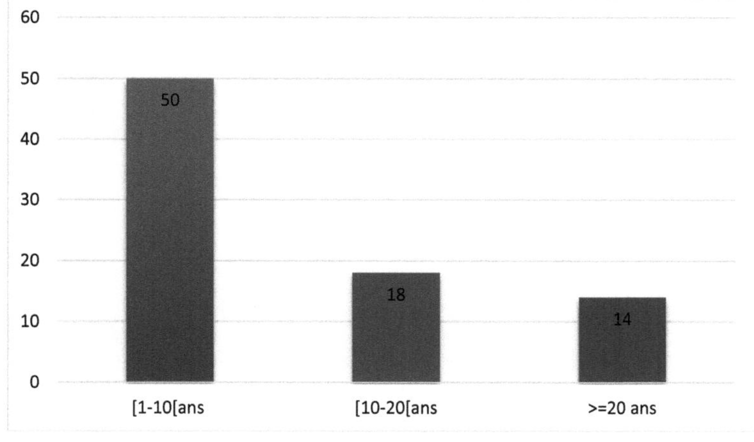

Figure 16: Répartition des patients selon la durée de l'évolution de la maladie

4 Les données thérapeutiques

Tous nos patients étaient sous antalgique type paracétamol avec une dose moyenne de 2 g/j. Un traitement anti inflammatoire non stéroidien était préscrit chez la majorité des malades (92,7%). Un traitement chondroprotecteur était préscrit chez la plupart des patients (75%) mais il n'est pris regulierement que par 11% des patients.

Une ou plusieurs infiltrations intra-articulaire des genoux à base de corticoide local étaient pratiquées chez 67,1% des patients. Quinze patients avaient béneficié d'une ou plusieurs viscosupplémentations des genoux. Une orthèse ligamentaire des genoux était préscrite chez 45,1% des patients. La plupart de nos patients (87,8%) de nos patients avaient bénéficié de séances de réeducation. Une prothèse totale du genou était pratiquée chez 11% des patients.

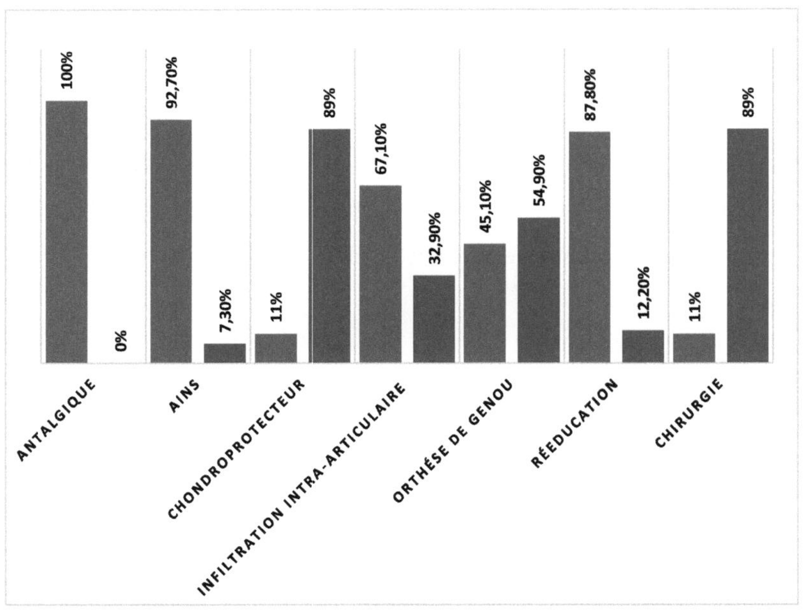

Figure 17: Répartition des patients selon le traitement

5 Evaluation de la qualité de vie

5.1 Dimension n° 1 : Activités physiques

Pour la dimension ''activités physiques'', une altération sévère voir très sévère était exprimée par 61% de nos patients. Nous avons remarqué aussi que 36,6% des sujets avaient une altération modérée et que seulement 2,4% des patients avaient une altération légère de la QDV de cette dimension (figure 18).

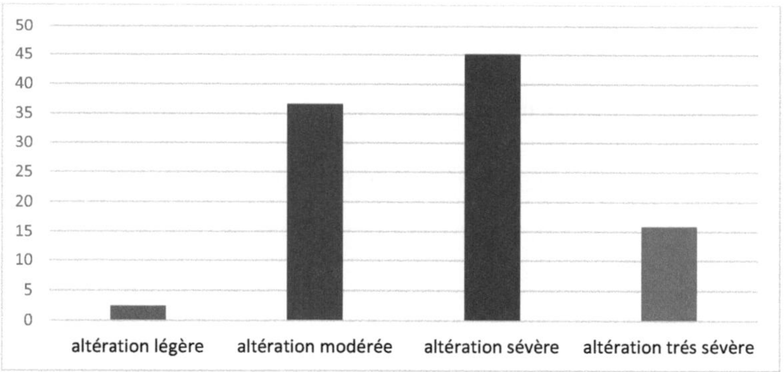

Figure 18: Qualité de vie des patients atteints de gonarthrose selon l'activité physique

5.2 Dimension n° 2 : Santé mentale

Pour la dimension ''santé mentale'', 63,4% de nos patients avaient une altération légère à modérée de la QDV. Néanmoins, un pourcentage de 36,6% des patients présentaient une altération sévère voir très sévère (figure 19).

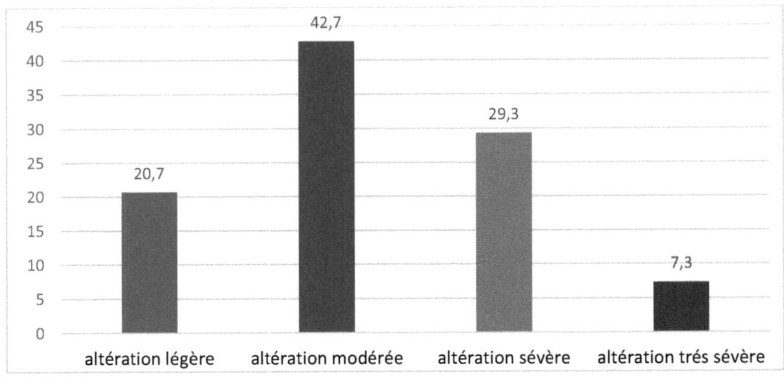

Figure 19: Qualité de vie des patients atteints de gonarthrose selon la santé mentale

5.3 Dimension n° 3 : Douleur

Selon la figure 22 nous avons remarqué que 73,2% de nos patients présentaient une altération sévère voir très sévère de la dimension ''douleur'' (figure 20).

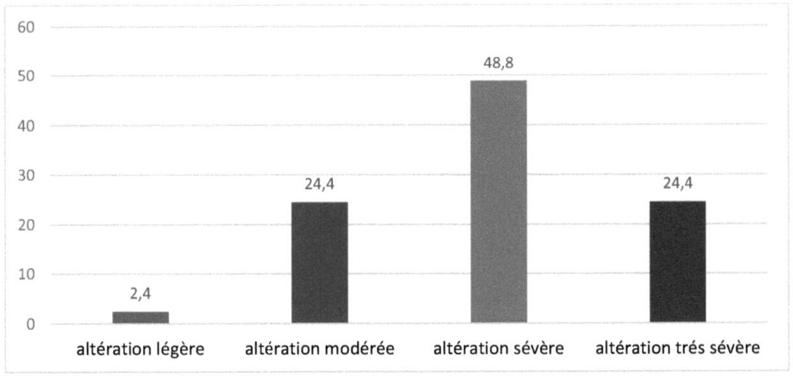

Figure 20: Qualité de vie des patients atteints de gonarthrose selon la douleur

5.4 Dimension n° 4 : Soutien social

Concernant la dimension ''soutien social'', la figure 23 montre que la majorité de nos patients (86,6%) présentaient une altération légère à modérée de la QDV. Une altération sévère voir très sévère de la QDV de cette dimension était constatée chez 13,4% des patients (figure 21).

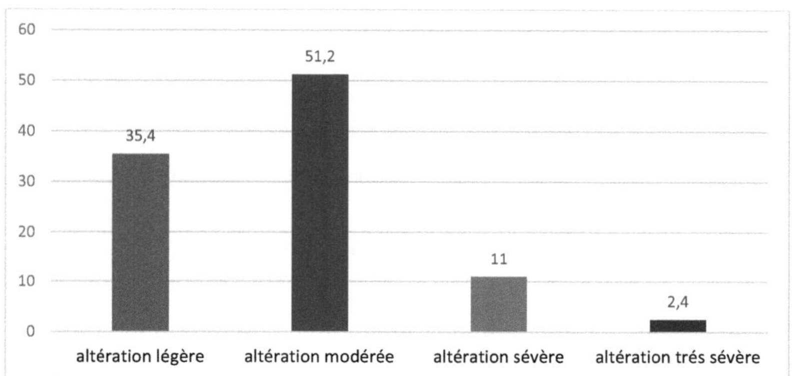

Figure 21: Qualité de vie des patients atteints de gonarthrose selon le soutien social

5.5 Dimension n° 5 : Activités sociales

Selon la figure 24, 54,9% des patients avaient une altération sévère voir très sévère de leurs activités sociales. Par contre 45,1% des patients présentaient une altération légère voir modérée de la qualité de cette dimension (figure 22).

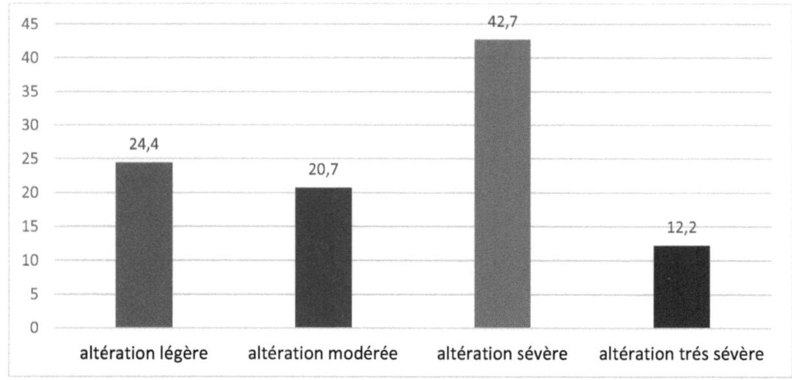

Figure 22: Qualité de vie des patients atteints de gonarthrose selon les activités sociales

5.6 Scores normalisés des dimensions de l'AMIQUAL

Le tableau II montre les scores normalisés moyens des dimensions de la qualité de vie selon l'AMIQUAL chez nos patients souffrant de gonarthrose.

Tableau II: Scores normalisés moyens des dimensions de la qualité de vie selon l'AMIQUAL chez les patients atteints de gonarthrose

	Moyennes	Ecart-types	Minimum	Maximum
Activités physiques	42,9	16,5	7,5	87,5
Santé mentale	53,9	20,4	9,2	99
Douleur	38,3	17,9	10	99
Soutien social	65,6	15,05	22,5	97,5
Activités sociales	49,9	21,7	10	99

5.6.1 Scores normalisés moyens des items indépendants de l'AMIQUAL

Le tableau III montre les scores moyens des items indépendants de l'AMIQUAL chez nos patients souffrant de gonarthrose.

Tableau III: Scores moyens des items indépendants de l'AMIQUAL des patients souffrant de gonarthrose

	Effectifs	Moyennes	Ecart-types	Minimum	Maximum
Activités professionnelles	22	37,3	19,3	10	80
Relations de couple	56	33,9	23,9	0	80
Sexualité	56	36,2	24,98	0	80

5.7 Qualité de vie selon les données sociodémographiques et cliniques pour chaque dimension :

5.7.1 Dimension n° 1 : Activités physiques

Le tableau IV décrit la QDV de nos patients souffrant de gonarthrose selon les données sociodémographiques pour la dimension ''activités physique''.

Tableau IV : Qualité de vie des patients ayant une gonarthrose selon les données sociodémographiques pour la dimension activités physique

	Altération légère %	Altération modérée %	Altération sévère %	Altération très sévère %
Genre :				
Homme	0	80	13,3	6,7
Femme	3	26,86	52,23	17,91
Age :				
[30-50[ans	7,7	84,6	7,7	0
[50-70[ans	1,9	34	58,4	5,7
>=70 ans	0	6,25	31,25	62,5
Milieu :				
Rural	0	34,8	56,5	8,7
Urbain	3,4	37,3	40,7	18,6
Duré d'évolution :				
[1-10[ans	4	58	36	2
[10-20[ans	0	5,6	72,2	22,2
>=20 ans	0	0	42,8	57,2
IMC Normal	33,3	66,7	0	0
Surpoids	0	52,1	39,6	8,3
Obésité modérée	0	4,3	65,2	30,5
Obésité sévère	0	0	60	40
Déformation	0	22,9	55,7	21,4
Pas de déformation	9,5%	76,2	14,3	0
Gonarthrose unilatérale	5,9%	76,5	17,6	0
Gonarthrose bilatérale	1,5%	26,2	52,3	20
Type de la gonarthrose :				
Unicompartimentale	8,3%	91,7	0	0
Bicompartimentale	2,1%	36,2	46,8	14,9
Tricompartimentale	0%	8,7	65,2	26,1
Stade KL :				
Stade 1	25%	75	0	0
Stade 2	4,8%	90,4	4,8	0
Stade 3	0%	19,5	80,5	0
Stade 4	0%	0	18,75	81,25

5.7.2 Dimension n° 2 : santé mentale

Le tableau V décrit la QDV de nos patients souffrant de gonarthrose selon les données sociodémographiques pour la dimension ''santé mentale''.

Tableau V : Qualité de vie des patients ayant une gonarthrose selon les données sociodémographiques pour la dimension santé mentale

	Altération légère %	Altération modérée %	Altération sévère %	Altération très sévère %
Homme	33,3	53,3	6,7	6,7
Femme	17,9	40,3	34,3	7,5
[30-50[ans	61,5	30,8	7,7	0
[50-70[ans	17	47,2	34	1,8
>=70 ans	0	37,5	31,25	31,25
Rural	17,4	56,5	21,7	4,4
Urbain	22	37,3	32,2	8,5
Duré d'évolution :				
[1-10[ans	28	46	26	0
[10-20[ans	5,6	44,4	33,3	16,7
>=20 ans	14,3	28,6	35,7	21,4
IMC normal	83,3	16,7	0	0
Surpoids	20,8	45,8	25	8,4
Obésité modérée	8,7	43,5	43,5	4,3
Obésité sévère	0	40	40	20
Déformation des genoux :				
Oui	13,1	41	36,1	9,8
Non	42,9	47,6	9,5	0
Localisation de la gonarthrose :				
Unilatérale	41,2	41,2	17,6	0
Bilatérale	15,4	43,1	32,3	9,2
Type de la gonarthrose :				
Unicompartimentale	50	41,7	8,3	0
Bicompartimentale	17	46,8	29,8	6,4
Tricompartimentale	13	34,8	39,2	13
Stade KL :				
Stade 1	100	0	0	0
Stade 2	42,9	47,6	9,5	0
Stade 3	9,8	53,7	36,6	0
Stade 4	0	18,75	43,75	37,5

5.7.3 Dimension n°3 : Douleur

Le tableau VI traduit la QDV de nos patients atteints de gonarthrose selon les données sociodémographiques pour la dimension ''douleur''.

Tableau VI : Qualité de vie des patients atteints de gonarthrose selon les données sociodémographiques pour la dimension douleur

	Altération légère%	Altération modérée%	Altération sévère %	Altération très sévère %
Homme	0	26,7	66,7	6,7
Femme	3	23,9	44,8	28,3
[30-50[ans	7,7	76,9	7,7	7,7
[50-70[ans	1,9	18,9	62,3	16,9
>=70 ans	0	0	37,5	62,5
Rural	0	17,4	60,9	21,7
Urbain	3,4	27,1	44,1	25,4
Duré d'évolution :				
[1-10[ans	2	40	52	6
[10-20[ans	5,6	0	55,5	38,9
>=20 ans	0	0	28,6	71,4
IMC :				
Normal	16,7	83,3	0	0
Surpoids	0	31,25	52,1	16,7
Obésité modérée	4,3	0	52,2	43,5
Obésité sévère	0	0	60	40
Déformation des genoux :				
Oui	1,6	11,5	54,1	32,8
Non	4,8	61,9	33,3	0
Localisation de la gonarthrose :				
Unilatérale	0	52,9	47,1	0
Bilatérale	3,1	16,9	49,2	30,8
Type de la gonarthrose :				
Unicompartimentale	0	66,7	33,3	0
Bicompartimentale	2,1	25,5	53,2	19,2
Tricompartimentale	4,4	0	47,8	47,8
Stade KL :				
Stade 1	25	75	0	0
Stade 2	0	66,7	33,3	0
Stade 3	0	7,3	75,6	17,1
Stade 4	6,25	0	12,5	81,25

5.7.4 Dimension n°4 : Soutien social

Le tableau VII décrit la QDV de nos patients selon les données sociodémographiques pour la dimension soutien social.

Tableau 7 : Qualité de vie des patients ayant une gonarthrose selon les données sociodémographiques pour la dimension soutien social

	Altération légère%	**Altération modérée%**	**Altération sévère%**	**Altération très sévère %**
Homme	20	53,3	20	6,7
Femme	38,8	50,8	8,9	1,5
[30-50[ans	69,2	30,8	0	0
[50-70[ans	24,5	56,6	15,1	3,8
>=70 ans	43,75	50	6,25	0
Rural	47,8	43,5	8,7	0
Urbain	30,5	54,2	11,9	3,4
[1-10[ans	32	48	16	4
[10-20[ans	27,8	66,7	5,5	0
>=20 ans	57,1	42,9	0	0
IMC normal	50	33,3	16,7	0
Surpoids	37,5	47,9	12,5	2,1
Obésité modérée	30,4	60,9	4,4	4,3
Obésité sévère	20	60	20	0
Déformation des genoux :				
Oui	31,2	54,1	11,5	3,2
Non	47,6	42,9	9,5	0
Localisation de la gonarthrose :				
Unilatérale	41,2	52,9	5,9	0
Bilatérale	33,9	50,8	12,3	3
Type de la gonarthrose :				
Unicompartimentale	41,7	50	8,3	0
Bicompartimentale	31	53,1	12,8	2,1
Tricompartimentale	39,1	47,8	8,7	4,4
Stade KL :				
Stade 1	50	50	0	0
Stade 2	38,1	52,4	9,5	0
Stade 3	29,3	48,8	17,1	4,8
Stade 4	43,75	56,25	0	0

5.7.5 Dimension n°5 : Activités sociales

Le tableau 8 montre la QDV de nos patients selon les données sociodémographiques pour la dimension activités sociales

Tableau VIII : Qualité de vie des patients souffrant de gonarthrose selon les données sociodémographiques pour la dimension activités sociales

	Altération légère %	**Altération modérée %**	**Altération sévère %**	**Altération très sévère %**
Homme	46.7	33.3	13.3	6.7
Femme	19.4	17.9	49.3	13.4
[30-50[ans	84,6	15,4	0	0
[50-70[ans	17	26,4	50,9	5,7
>=70 ans	0	6,25	50	43,75
Rural	26,1	21.7	43.5	8.7
Urbain	23,7	20,3	42.4	13.6
Duré d'évolution :				
[1-10[ans	40	30	28	2
[10-20[ans	0	11,1	77,8	11,1
>=20 ans	0	0	50	50
IMC :				
Normal	83.3	16.7	0	0
Surpoids	31.3	31.3	31.3	6.1
Obésité modérée	0	4.3	67	26.1
Obésité sévère	0	0	80	20
Déformation des genoux :				
Oui	13.1	18	52.5	16.4
Non	57.1	28.6	14.3	0
Localisation de la gonarthrose :				
Unilatérale	58.8	35.3	5.9	0
Bilatérale	15.4	16.9	52.3	15.4
Type de la gonarthrose :				
Unicompartimentale	66.7	33.3	0	0
Bicompartimentale	25.5	21.3	46.8	6.4
Tricompartimentale	0	13	56.5	30.5
Stade KL :				
Stade 1	100	0	0	0
Stade 2	66.7	33.3	0	0
Stade 3	5	22	68	5
Stade 4	0	6.3	43.7	50

DISCUSSION

Dans ce chapitre, la recherche vise à proposer une interprétation suscitée par les résultats présentés précédemment du questionnaire de AMIQUAL qui comporte 5 dimensions et 3 questions indépendants décrivant le niveau de la QDV des patients atteints de gonarthrose.

En premier lieu, nous proposons une interprétation des données générales comportant les variables sociodémographiques, les données cliniques et les données thérapeutiques.

Ensuite nous s'acharnons à interpréter les résultats du questionnaire AMIQUAL puis nous allons comparer les résultats de cette étude avec celles d'autres études empiriques qui sont intéressées à ce sujet.

Bien que notre population d'étude soit de nombre réduit, elle pourrait nous donner une idée sur la QDV des patients atteints de gonarthrose suivis à la consultation externe du service de rhumatologie afin d'orienter les actions d'amélioration.

Cette étude a montré que la population enquêtée présentait une prédominance féminine (67 femmes et 15 hommes) avec une sex-ratio 4,47 ce qui coïncide avec les résultats de la littérature, qui ont montré une prédominance féminine de la gonarthrose (7).

Par surcroit, l'âge moyen de notre population était de 60,43 ans avec des extrêmes allant de 34 ans à 89 ans. Nos résultats sont concordants avec ceux de Fekete et al en Hongri où l'âge moyen des patients était de 66,6 +/- 12,1 ans (15).

La majorité de nos patients étaient mariés (69,5%), résidaient en ville (72) et ils avaient un niveau d'étude primaire (25,6%) ou secondaire (29, 3%).

Concernant la profession, 12,2% des patients interrogés étaient retraités, 61% étaient sans profession et 26,8% étaient actifs.

A propos les comorbidités, plus que la moitié de nos patients présentaient une HTA (53,7%) et/ou un diabète (58,5%). Parmi 67 femmes, 86,5% étaient ménopausées.

Passant aux données cliniques de la maladie, concernant l'indice de masse corporelle plus que la moitié des patients présentaient un surpoids (58,5%).

La plupart de notre population (74,4%) présentait une déformation des genoux. Ainsi, 40,2% des patients avaient un genu-valgum et 29,3% avaient un genu-varum. Ces résultats sont proches de ceux d'une étude faite en brazzaville qui a montré qu'un vice architectural était présent chez 73 patients (61,3 %). Il s'agissait d'un genu valgum chez 37 patients (50,7%) et d'un genu varum chez 26 patients (35,6%)(7).

La gonarthrose était bilatérale chez 79% des patients de notre étude. Ces résultats sont proches des résultats de l'étude faite par Mahmoud et al (4) en Egypte qui a montré que 84% des patients avaient une gonarthrose bilatérale.

Nous avons aussi noté que la majorité de notre population (57% des patients) présentait une gonarthrose bicompartimentale ce qui coïncide avec les résultats de l'étude faite par Quédraogo et al (13) en Burkina Faso qui a objectivé que la majorité des patients présentait une gonarthrose bicompartimentale (50,9%).

Concernant le stade d'évolution de gonarthrose selon la classification radiologique de KL, 50% des patients étaient en stade 3 et 25,6% étaient en stade 2. Ces résultats sont similaires aux résultats de l'étude réalisé par Mahmoud et al (4) en Egypte qui a montré que 56% des patients étaient en stade 3 et 30% étaient en stade 2.

Dans notre population, la durée d'évolution était en moyenne de 10,09 ans avec des extrêmes allant de 2 ans à 40 ans.

Pour les données thérapeutiques, tous les patients étaient sous antalgique, la majorité étaient sous AINS (92,7%), 87,8% des patients avaient bénéficié de séances de rééducation et 67,1% des patients avaient profité d'une infiltration intra articulaire de corticoïdes.

L'appréciation de la QDV dans notre série moyennant le questionnaire AMIQUAL a montré que la gonarthrose affecte celle-ci chez nos patients.

Partons de la première dimension « activités physiques », nous avons noté qu'environ la moitié des patients (45,1%) présentait une altération sévère de QDV, 15,9% présentait une altération très sévère et 39% présentait une altération modérée voir légère avec un score normalisé moyen 42,9. Cet issue était similaire à l'étude faite par Soundhat et al (7) où le score de la dimension « activités physiques » était compris entre 25 et 50 pour 51,3% des patients.

Nous avons constaté pour la deuxième dimension « santé mentale » que le score normalisé moyen était de 53,9 et que 63,4% des cas avaient une altération de QDV légère à modérée alors que 36,6% présentaient une altération sévère voir très sévère.

Pour la troisième dimension « Douleur », la majorité des sujets (73,2%) avaient une QDV touchée dont 24,4% avaient une altération très sévère avec un score 38,3.

Ces résultats sont similaires aux constations de l'étude faite par Gonzalez et al (14) qui a trouvé que le scores des dimensions « santé mentale » et « Douleur », étaient respectivement 50.95 et 31.47. Cela nous incite sur l'importance de la PEC de la douleur et de la PEC affective des patients atteints gonarthrose afin de réduire le retentissement psychologique de cette maladie, surmonter les difficultés des patients à se projeter à l'avenir et absorber leur peur camouflée de la notion d'handicap.

Passant à la quatrième dimension « soutien sociale », la majorité de nos patients (86,6%) présentaient une altération légère voir modérée avec un score moyen (65,6). Ces résultats ont prouvé que la majorité de nos patients étaient satisfaits par le soutien exprimé par le conjoint, les amis proches et la famille. Ce Soutien pourrait leur aider à s'adapter à leur maladie, à pouvoir partager leurs sentiments et à restaurer leur estime de soi.

Nos résultats étaient similaires aux ceux de l'étude faite par Soundhat et al (7) qui a montré que les score de la dimension « soutien sociale » pour 91,6% des patients était supérieur à 50.

Pour la dernière dimension « activités sociales » presque la moitié des patients (54,9%) avaient une altération sévère voir très sévère avec un score normalisé moyen de 49,9. Ces résultats coïncident avec ceux d'une étude faite par (4) qui a objectivé un score de 49,75 pour la dimension « activités sociales ».

Concernant les 3 items indépendants, pour 22 patients actifs, le score normalisé moyen de « Activités professionnelles » était 37,3 et pour 56 patients mariés les scores normalisés moyens de « relation de couple » et « sexualité » étaient respectivement 33,9 et 36,2.

Ainsi dans notre étude la dimension la plus touchée était la « douleur » suivie par les « activités physiques », ce qui coïncide avec les résultats de la littérature.

Passant au croisement du QDV de chaque dimension avec les facteurs sociodémographiques. Concernant le genre, nous avons trouvé que les femmes avaient une QDV plus touchée que les hommes surtout dans les domaines « activités physique » (70,14% altération sévère voir très sévère), « santé mentale » (41,8% altération sévère voir très sévère), et « activités sociales » (62,7% altération sévère voir très sévère). Ces constatations sont concordantes avec celles de l'étude de Mahmoud et al (4), qui a trouvé que les patients de sexe féminin avaient les scores les plus bas essentiellement pour le dimensions « douleur » et « activités sociales » .

Pour l'âge, la QDV était plus affectée avec l'âge avancée (>=70) surtout pour les dimensions « activité physique » (93,75% altération sévère voir très sévère), « santé mental » (57,1% altération sévère voir très sévère) (voir tableau 5), « douleur » (tous les patients d'âge ≥ à 70 ans avaient une altération sévère voir très sévère), et « activités sociales » (93,75% altération sévère voir très sévère). En effet, les particularités cliniques et socio fonctionnelles des patients âgés doivent être pris en compte dans la stratégie thérapeutique de la gonarthrose afin de réduire les conséquences physiques, fonctionnelles et psychologiques de cette maladie (5).

Dans le même contexte, nous avons constaté que pour la durée d'évolution de la maladie, 100% des sujets ayant une durée d'évolution supérieure à 20 ans présentaient une altération sévère voir très sévère de la QDV et ceci pour les domaines « activités physiques », « douleur » et « activités sociales »En effet, la durée d'évolution de la gonarthrose était un bon prédicteur pour des scores plus faibles de tous les domaines du questionnaire AMIQUAL (4).

Dans notre étude, tous les patients ayant un IMC entre 35 et 40 (obésité sévère) avaient une altération sévère voir très sévère de la QDV pour les dimensions « activités physiques », « douleur » et « activités sociales » (voir tableau 4, 6 et 8). En effet et dans le même contexte, une étude faite par Teslim et al (15), ayant utilisé l'index de sévérité symptomatique de l'arthrose des membres inférieurs (Womac), a montré que l'IMC était un prédicteur important du niveau d'activité fonctionnelle chez les patients atteints de gonarthrose. D'autres études ont constaté que les activités sociales dans la gonarthrose étaient aussi affectées négativement chez les patients obèses (13).

De plus nous avons remarqué que les patients ayant une déformation des genoux présentait une QDV plus touchée dans les dimensions « activités physiques » (77,1% présente une altération sévère voir très sévère), « douleur » » (86,9% une altération sévère voir très sévère), et « activités sociales » (68,9% une altération sévère voir très sévère). Ainsi, les déformations statiques du genou avaient un effet négatif sur la QDV. De même, les patients ayant une gonarthrose bilatérale présentaient une QDV plus affectée dans les mêmes dimensions que les patients ayant une déformation des genoux. En effet, la gonarthrose bilatérale pourrait prédire des scores plus faibles de toutes les dimensions de l'AMIQUAL (4) ,

Concernant les stades de KL la majorité voire la totalité des cas ayant un stade 4 présentaient une altération sévère voir très sévère de QDV pour les domaines « activités physiques », « santé mentale », « douleur » et « activités sociales » avec des pourcentages de 100%, 81,25%, 93,75% et 93,7%

respectivement. Ces issues concordent avec ceux de l'étude faite par Mahmoud et Al (4) qui a montré que la classification de KL était un bon prédicteur pour les scores les plus faibles surtout pour les deux dimensions « activités physiques » et « douleur ».

L'évaluation de la QDV en utilisant le questionnaire AMIQUAL réalisée auprès de 82 patients ayant une gonarthrose et suivis au service de rhumatologie CHU Hédi Chaker Sfax, en utilisant un devis descriptif simple, a montré que le score normalisé moyen le plus élevé était celui de la dimension soutien social 65,6 +/- 15,05. Tandis que le score normalisé le plus bas était celui de la dimension douleur 38,3 ± 17,9.

De même, nous avons révélé que :

- Pour la dimension « activités physiques », 61% des patients présentaient une altération sévère voir très sévère de la QDV et 39% présentaient une altération modérée voir légère de la QDV.
- Pour la dimension « santé mentale », 63,4% de nos patients avaient une altération de QDV légère à modérée contre 36,6% des patients qui avaient une altération sévère voir très sévère.
- Pour la dimension « douleur », 73,2% des cas exprimaient une altération sévère voir très sévère.
- La majorité de la population (86,6%) exprimaient une altération légère voir modérée de la QDV de la dimension « soutien social ».
- Finalement, 54,9% des sujets présentaient une altération sévère voir très sévère pour la dimension « activités sociales », par contre 45,1% des patients exprimaient une altération légère voir modérée.

L'analyse des résultats a montré que l'altération de la QDV de nos malades était reliée à plusieurs facteurs aussi bien sociodémographiques que cliniques : le genre, l'âge, le milieu d'habitat et l'IMC. Des facteurs liés à la maladie étaient aussi identifiés comme probablement influenceurs sur la QDV tels que la durée d'évolution de la gonarthrose, la localisation de la gonarthrose, le type de la gonarthrose, la présence ou l'absence de déformation des genoux et le stade de la gonarthrose selon la classification de KL.

Au total, cette étude a parvenu à répondre à notre question de recherche posée initialement concernant le niveau de la QDV des patients ayant une gonarthrose.

Recommandations :

Au terme de l'analyse des résultats de cette étude nous recommandons les points suivants afin de fournir une PEC globale permettant d'atteindre et de maintenir le plus haut niveau possible d'autonomie fonctionnel et de proposer un soutien continu quel que soit le stade d'évolution de la maladie :

- Sensibiliser le personnel soignant aussi bien médical que paramédical de l'intérêt de la prise en charge de la douleur chez les patients souffrant de gonarthrose.
- Assurer des formations continues quotidiennes pour les infirmiers sur le sujet de QDV des patients atteints de gonarthrose pour prendre en compte à la fois l'état de santé, la situation personnelle et l'environnement social du patient.
- Identifier les besoins en soins et participer à l'éducation thérapeutique.
- Un contact téléphonique régulier peut améliorer l'état du patient.
- Le recours à des techniques physiques pour soulager la douleur tel que l'acupuncture, l'application du froid (cryothérapie), thérapies par le touché et le mouvement et la neurostimulation transcutanée peuvent aider au contrôle à court terme de la douleur.

- L'usage d'une canne qui se tient dans la main opposée à l'articulation douloureuse ou d'un déambulateur (atteinte bilatérale) peut être proposé.
- L'usage de semelles qui peuvent réduire la douleur et améliorer la marche.
- Le recours à un kinésithérapeute pour l'apprentissage d'exercices appropriés et mettre en place des stratégies de suppléance utilisable dans un contexte de vie quotidienne semble être très utile.
- Informer les patients de l'importance de la pratique régulière de l'activité physique simple et non douloureuse (les exercices d'étirement et de renforcement des muscles) afin de réduire la douleur et éviter l'atrophie musculaire.
- Sensibiliser les patients pour lutter contre un éventuel excès de poids.
- Il est important d'établir une collaboration de la part du ministère de santé pour créer une association sociale qui va être chargée de la réalisation des nouvelles recherches et pour suivre l'actualité de la maladie et proposer des nouvelles recommandations.

Forces de l'étude :

- La gonarthrose est reconnue comme un problème de santé publique mondial, ce qui confère à l'étude une pertinence considérable dans le contexte actuel de la santé.
- L'utilisation d'une approche quantitative et d'une échelle spécifique (AMIQUAL) pour évaluer la qualité de vie (QDV) offre une méthodologie solide et standardisée.
- L'étude a inclus un échantillon significatif de 82 patients, ce qui renforce la représentativité des résultats dans la population étudiée.

- L'intégration de plusieurs facteurs, tels que le genre, l'âge, l'origine géographique, l'IMC, la durée d'évolution de la maladie, le siège et le type de gonarthrose, offre une approche complète de l'impact sur la QDV.

Limites de l'étude :

- L'étude se concentre sur les patients suivis au service de rhumatologie au CHU Hédi Chaker de Sfax, ce qui pourrait ne pas être représentatif de l'ensemble des patients atteints de gonarthrose dans d'autres contextes médicaux.
- La nature descriptive simple de l'étude peut limiter la capacité à établir des liens causaux entre les variables étudiées.
- Malgré les efforts pour minimiser les biais, tels que le mensonge des participants, il reste difficile de garantir l'absence totale de distorsion des réponses.

En conclusion, bien que cette étude offre des perspectives importantes sur l'impact de la gonarthrose sur la QDV, il est crucial de reconnaître ses limites et de considérer les résultats dans le contexte spécifique de la population étudiée. Les recommandations formulées fournissent des pistes concrètes pour améliorer la prise en charge et la QDV des patients atteints de gonarthrose.

CONCLUSION

La gonarthrose constitue aujourd'hui un enjeu de santé publique mondial. Elle peut être liée à plusieurs facteurs qui peuvent entraver gravement la qualité de vie. Le but de cette étude est de décrire le niveau de la qualité de vie (QDV) chez les patients atteints de gonarthrose.

Cette étude est de type descriptif simple qui se base sur l'approche quantitative. Elle a été portée sur 82 patients ayant une gonarthrose suivie au service de rhumatologie au CHU Hédi Chaker de Sfax. L'AMIQUAL est une échelle d'évaluation de la QDV spécifique des malades atteints de gonarthrose qui a été choisi pour décrire les cinq dimensions suivantes : activités physiques, santé mentale, douleur, soutien social et activités sociales.

L'âge moyen de nos patients était de 60 ans. La majorité des malades étaient d'origine urbaine (72%) et la plupart avaient une durée d'évolution entre [1-10[ans (60,9% des patients).

Les dimensions les plus touchées étaient : les activités physiques avec 61% des patients présentant une altération de QDV sévère voir très sévère, la douleur avec 73,2% des cas ayant une altération sévère voir très sévère de la QDV et les activités sociales avec 54,9% des sujets exprimant une altération de QDV sévère voir très sévère.

Dans cette étude, différents facteurs influençant la QDV des malades atteints de gonarthrose ont été retenus tel que le genre, l'âge, l'origine géographique, l'IMC, la durée d'évolution de la maladie, le siège de la gonarthrose, le type de la gonarthrose, la présence ou l'absence de déformation des genoux et le stade de la gonarthrose selon la classification de Kellgren et Lawrence.

Notre étude montre que la QDV des patients ayant une gonarthrose était touchée sur plusieurs dimensions. Cette altération était en rapport avec certains facteurs sociodémographiques et d'autres facteurs liés à la maladie.

Plusieurs recommandations ont été suggérées afin d'améliorer la QDV des patients atteints de gonarthrose tel que la sensibilisation des infirmiers concernant cette pathologie pour identifier les besoins en soins et participer à l'éducation thérapeutique des patients. De plus l'information régulière des patients sur l'importance de la pratique régulière des activité physiques simples et non douloureuses parait très importante pour réduire la douleur et éviter l'atrophie musculaire.

Références

1. Roux CH. Comorbidities and osteoarthritis. Revue du Rhumatisme Monographies. 2021;88(2):104-8.

2. Clere N. Osteoarthritis, preventing functional impairment and relieving pain. Actualites Pharmaceutiques. 2019;58(582):45-7.

3. NORTHON S. Paramètres de mouvements linéaire et angulaire 3D autour du genou qui sont sensibles à la gonarthrose et à sa sévérité lors du maintien en appui unipodal. 2015;151:10-7.

4. Mahmoud GA, Moghazy A, Fathy S, Niazy MH. Osteoarthritis knee hip quality of life questionnaire assessment in Egyptian primary knee osteoarthritis patients: Relation to clinical and radiographic parameters. Egyptian Rheumatologist. 2019;41(1):65-9.

5. Ksibi I, Salem B, Saoud Z, Maaoui R, Sbabti R, Metoui L, et al. Profil épidémioclinique de la gonarthrose du sujet âgé. 2014;335-40.

6. Moungang M. « La gonarthrose : ses répercussions dans la vie quotidienne de ceux qui en souffrent et accompagnement thérapeutique ». 2017;(2017):0-46.

7. Soundhat L. Qualite de vie des Patients ayant une Gonarthrose a Brazzavile, Congo. European Scientific Journal ESJ. 2019;15(24):90-101.

8. Macé Y. Histoire naturelle de la gonarthrose. 2013;51-5.

9. Gay MC. Les prises en charge psychologiques de la douleur dans l'arthrose. Journal de Réadaptation Médicale : Pratique et Formation en Médecine Physique et de Réadaptation. 2006;26(3):85-8.

10. Gay M. Les prises en charge psychologiques de la douleur dans l ' arthrose. 2006;85-8.

11. Tekaya A, Athimni S, Galelou J, Saidane O, Bouden S, Tekaya R, et al. Évaluation de l'impact de la gonarthrose sur la qualité de vie. Revue du Rhumatisme. 1 déc 2020;87:A212-3.

12. Rat A christine. AMIQUAL (OAKHQOL) : échelle de qualité de vie pour les patients atteints d ' arthrose de hanche et de genou développement , validité et applications To cite this version : HAL Id :

tel-01748166 soutenance et mis à disposition de l ' ensemble de la Conta. 2018;

13. Ouédraogo D donné, Zabsonré JT, Davy A, Kenagnon S, Kaboré F, Compaoré C, et al. Quality of Life of Patients with Knee Osteoarthritis with Questionnaire OAKHQOL (OsteoArthritis of Knee Hip Quality of Life) in Rheumatology Consultation in Burkina Faso (West Africa). 2014;(November):219-25.

14. Gonzalez Sáenz De Tejada M, Escobar A, Herdman M, Herrera C, García L, Sarasqueta C. Adaptation and validation of the Osteoarthritis Knee and Hip Quality of Life (OAKHQOL) questionnaire for use in patients with osteoarthritis in Spain. Clinical Rheumatology. 2011;30(12):1563-75.

15. Fekete H, Guillemin F, Pallagi E, Fekete R, Lippai Z, Luterán F et al. Evaluation of osteoarthritis knee and hip quality of life (OAKHQoL): adaptation and validation of the questionnaire in the Hungarian population. Ther Adv Musculoskelet Dis. 2020 Dec 17; 12:1759720X20959570.

16. OA Teslim, OA Olumide, L Kamil. (2016). Clinical and Radiographic Indices as Correlates and Predictors of Self-Reported Physical Functions in Patients with Chronic Knee Osteoarthritis. Rehabilitation Science, 1(1), 9-15.

Le résumé

Introduction : La gonarthrose constitue aujourd'hui un enjeu de santé publique mondial. Elle peut être liée à plusieurs facteurs qui peuvent entraver gravement la qualité de vie. Le but de cette étude est de décrire le niveau de la qualité de vie (QDV) chez les patients atteints de gonarthrose.

Matériel et méthodes : Cette étude est de type descriptif simple qui se base sur l'approche quantitative. Elle a été portée sur 82 patients ayant une gonarthrose suivie au service de rhumatologie au CHU Hédi Chaker de Sfax. L'AMIQUAL est une échelle d'évaluation de la QDV spécifique des malades atteints de gonarthrose qui a été choisi pour décrire les cinq dimensions suivantes : activités physiques, santé mentale, douleur, soutien social et activités sociales.

Résultats : l'âge moyen de nos patients était de 60 ans. La majorité des malades étaient d'origine urbaine (72%) et la plupart avaient une durée d'évolution entre [1-10[ans (60,9% des patients).

Les dimensions les plus touchées étaient : les activités physiques avec 61% des patients présentant une altération de QDV sévère voir très sévère, la douleur avec 73,2% des cas ayant une altération sévère voir très sévère de la QDV et les activités sociales avec 54,9% des sujets exprimant une altération de QDV sévère voir très sévère.

Dans cette étude, différents facteurs influençant la QDV des malades atteints de gonarthrose ont été retenus tel que le genre, l'âge, l'origine géographique, l'IMC, la durée d'évolution de la maladie, le siège de la gonarthrose, le type de la gonarthrose, la présence ou l'absence de déformation des genoux et le stade de la gonarthrose selon la classification de Kellgren et Lawrence.

Discussion et conclusion : Notre étude montre que la QDV des patients ayant une gonarthrose était touchée sur plusieurs dimensions. Cette altération était en rapport avec certains facteurs sociodémographiques et d'autres facteurs liés à la maladie.

Plusieurs recommandations ont été suggérées afin d'améliorer la QDV des patients atteints de gonarthrose tel que la sensibilisation des infirmiers concernant cette pathologie pour identifier les besoins en soins et participer à l'éducation thérapeutique des patients. De plus l'information régulière des patients sur l'importance de la pratique régulière des activité physiques simples et non douloureuses parait très importante pour réduire la douleur et éviter l'atrophie musculaire.

yes

I want morebooks!

Buy your books fast and straightforward online - at one of world's fastest growing online book stores! Environmentally sound due to Print-on-Demand technologies.

Buy your books online at
www.morebooks.shop

Achetez vos livres en ligne, vite et bien, sur l'une des librairies en ligne les plus performantes au monde!
En protégeant nos ressources et notre environnement grâce à l'impression à la demande.

La librairie en ligne pour acheter plus vite
www.morebooks.shop

Printed by Books on Demand GmbH, Norderstedt / Germany